S Madhankumar
P Pranesh
R Praveen M Preethiviraj

Sistema de seguimento solar passivo

S Madhankumar
P Pranesh
R Praveen M Preethiviraj

Sistema de seguimento solar passivo

Fornecer uma solução eficiente e económica para a captação de energia solar em zonas onde o custo da energia é elevado

Imprint
Any brand names and product names mentioned in this book are subject to trademark, brand or patent protection and are trademarks or registered trademarks of their respective holders. The use of brand names, product names, common names, trade names, product descriptions etc. even without a particular marking in this work is in no way to be construed to mean that such names may be regarded as unrestricted in respect of trademark and brand protection legislation and could thus be used by anyone.

Cover image: www.ingimage.com

This book is a translation from the original published under ISBN 978-620-6-84516-4.

Publisher:
Sciencia Scripts
is a trademark of
Dodo Books Indian Ocean Ltd. and OmniScriptum S.R.L publishing group

120 High Road, East Finchley, London, N2 9ED, United Kingdom
Str. Armeneasca 28/1, office 1, Chisinau MD-2012, Republic of Moldova, Europe
Printed at: see last page
ISBN: 978-620-7-88820-7

Conteúdo

RESUMO

É sabido que a produção de energia solar é máxima através dos painéis solares quando o sol está perpendicular ao painel solar. Foram fabricados vários dispositivos electrónicos de seguimento solar para alinhar o painel solar com o sol. Mas consomem energia e a produção efectiva de energia não é eficiente. Deseja-se criar um seguidor de painel solar que não consuma energia. Assim, o objetivo deste projeto é desenvolver um sistema que possa seguir eficazmente o movimento do sol sem a utilização de qualquer fonte de energia externa. Este projeto utiliza um seguidor solar passivo que ajusta o ângulo do painel solar para maximizar a absorção da energia solar. A investigação centra-se na conceção e fabrico de um mecanismo que pode seguir automaticamente o movimento do sol utilizando um mecanismo simples e de baixo custo. O projeto inclui o desenvolvimento de um sistema de controlo que pode determinar com precisão a posição do sol e ajustar o ângulo do painel solar em conformidade. O objetivo do projeto é fornecer uma solução eficiente e económica para a recolha de energia solar em áreas onde o custo da energia é elevado e o acesso à eletricidade é limitado. O relatório apresenta a conceção, o fabrico e o ensaio do sistema de seguimento solar passivo, bem como os resultados obtidos durante o estudo experimental.

CAPÍTULO 1

INTRODUÇÃO

1.1 INTRODUÇÃO

Os sistemas de seguimento solar podem melhorar substancialmente a quantidade de energia produzida por um sistema, melhorando o desempenho de manhã e à tarde. Os sistemas solares que acompanham as alterações na trajetória do sol ao longo do dia recolhem uma quantidade muito maior de energia solar e, por conseguinte, geram uma potência de saída significativamente mais elevada. Os sistemas activos de seguimento solar utilizam sensores e motores para seguir a posição do sol e controlar a posição do painel fotovoltaico. Entretanto, os seguidores passivos utilizam um fluido de gás comprimido de baixo ponto de ebulição que é conduzido para um lado ou para o outro (pelo calor solar que cria a pressão do gás) para fazer com que o seguidor se mova em resposta a um desequilíbrio. Os seguidores solares passivos seguem o sol sem qualquer fonte de energia adicional. A um nível elevado, movem-se utilizando o calor do sol para aquecer um gás. Quando esse gás se expande, provoca um movimento mecânico dos módulos solares. Quando o sol se move e o gás arrefece, volta a comprimir-se e os painéis voltam a mover-se. O projeto consiste em conceber um seguidor solar passivo para o painel solar, a fim de melhorar a produção/eficiência utilizando o tubo de vácuo solar, o gás expansível e o cilindro pneumático.

1.2 OBJECTIVO DO TRABALHO DO PROJECTO

O objetivo do nosso projeto é conceber e fabricar um sistema de seguimento solar

passivo.

1.3 CONCLUSÃO

Assim, estabelecemos a necessidade do nosso projeto e o mecanismo global utilizado

no nosso modelo de trabalho.

CAPÍTULO 2

REVISÃO DA LITERATURA

6

2.1 INTRODUÇÃO

É sempre bom obter opiniões de especialistas antes de iniciar um novo projeto. Neste capítulo, pesquisámos sobre o nosso tema e obtivemos referências de vários especialistas. Segue-se uma lista de livros e publicações relacionados com o nosso projeto.

2.2 PESQUISA BIBLIOGRÁFICA

[1]Aboubakr El Hammoumi, SmailChtita, Saad Motahhir, Abdelaziz El Ghizala - A ideia é aquecer este líquido para o transformar num gás. O gás em expansão pode forçar o líquido mais pesado a entrar no recipiente sombreado, deslocando o peso para esse lado do painel solar e fazendo-o rodar na direção do sol. Embora este tipo de rastreio não necessite de energia eléctrica, uma vez que funciona sem motores e não necessita de controlos electrónicos.

[2] Alemayehu, Mintesinot - O sistema de rastreio concebido oferece uma possibilidade adicional de relacionar a deflexão das tiras bimetálicas com a correlação da energia potencial gravitacional e as alterações da energia potencial da mola, a fim de manipular a rotação. O sistema de rastreio concebido produziu uma potência adicional de 47 Watt por metro quadrado de área e 25% de energia solar adicional relativamente ao sistema fixo concebido.

[3]Zheng Zhanga, Kai Pei, Min Sun, Helong Wu, Xiao chen Yu, Huaping Wu, Shaofei Jiang, Feng Zhangc - Propuseram um novo modelo de seguimento solar composto por laminados biestáveis, fita bimetálica Ni36/Mn75Ni15Cu10 e célula solar orgânica. A estrutura biestável pode servir como mecanismo de direção e, consequentemente, reduz o número de peças necessárias. Com a luz do sol, a tira bimetálica dobra-se e deforma-se devido à influência da temperatura, dependendo da área de sombra. O movimento de flexão da tira bimetálica faz com que a estrutura dos laminados biestáveis passe de uma configuração estável para outra, processo que é reversível. A mudança de forma dos laminados biestáveis mantém a célula solar perpendicular à luz para receber o máximo de energia solar.

[4]Miguel Centeno Brito, Jose Mario Po, Daniela Pereira, Fernando Simoes, Roberto Rodriguez, Jose Carlos Amador - O conceito de seguimento solar passivo de múltiplos eixos que tira partido da variação de comprimento induzida pela expansão térmica de um material quando exposto à luz solar. A expansão diferencial de três tiras planas finas verticais com diferentes orientações é amplificada por um sistema de alavanca para permitir o seguimento do movimento aparente do sol no céu. A utilização deste sistema de seguimento conduz a um aumento de 28% na produção fotovoltaica durante o período de teste.

[5]Clifford M.J , Eastwood D - Dois tubos cilíndricos idênticos (cada um de cada lado do painel e a igual distância do pivot central) são enchidos com um fluido sob pressão parcial. O sol aquece o fluido, provocando a evaporação e a transferência de um cilindro para o outro. Este desequilíbrio de massa é utilizado para mover o painel solar. O amortecimento é utilizado para limitar a velocidade do movimento.

2.3 CONCLUSÃO

Procurar a ajuda de livros é sempre útil. Com a ajuda dos livros acima mencionados, obtivemos uma visão clara e muitas ideias para avançar com o nosso projeto.

CAPÍTULO 3

METODOLOGIA

9

3.1 INTRODUÇÃO

O seguimento solar passivo envolve a utilização de componentes passivos para seguir o movimento do sol, o que permite a absorção máxima da energia solar. Seguem-se as etapas envolvidas na conceção de uma metodologia para o seguimento solar passivo.Determinar a localização do seguidor solar: O primeiro passo é determinar a localização do seguidor solar. O seguidor solar deve ser instalado num local onde possa receber o máximo de luz solar ao longo do dia.Determinar o ângulo de incidência: O ângulo de incidência é o ângulo em que a luz solar atinge a superfície do painel solar. O ângulo de incidência muda ao longo do dia à medida que o sol se move no céu. O ângulo de incidência pode ser calculado utilizando a latitude do local e a hora do dia. O seguidor pode ser concebido utilizando um sistema mecânico simples ou um sistema eletrónico mais complexo. O sistema mecânico pode ser um seguidor de eixo único ou um seguidor de eixo duplo.Instalar o seguidor: O seguidor deve ser instalado numa superfície estável e nivelada. O painel solar deve ser fixado de forma segura ao seguidor.Testar o seguidor: O seguidor deve ser testado para garantir que está a funcionar corretamente. O painel solar deve ser monitorizado para garantir que está a receber o máximo de luz solar ao longo do dia.Monitorizar e ajustar: O rastreador deve ser monitorizado e ajustado conforme necessário para garantir que está sempre a apontar para o sol.Manutenção do rastreador: O rastreador deve ser mantido regularmente para garantir que está a funcionar corretamente. Isto inclui a limpeza do painel solar e do seguidor e a verificação de quaisquer sinais de desgaste.

3.2 FLUXO DO PROCESSO

A Figura 3.1 mostra o fluxograma do sistema de seguimento solar.

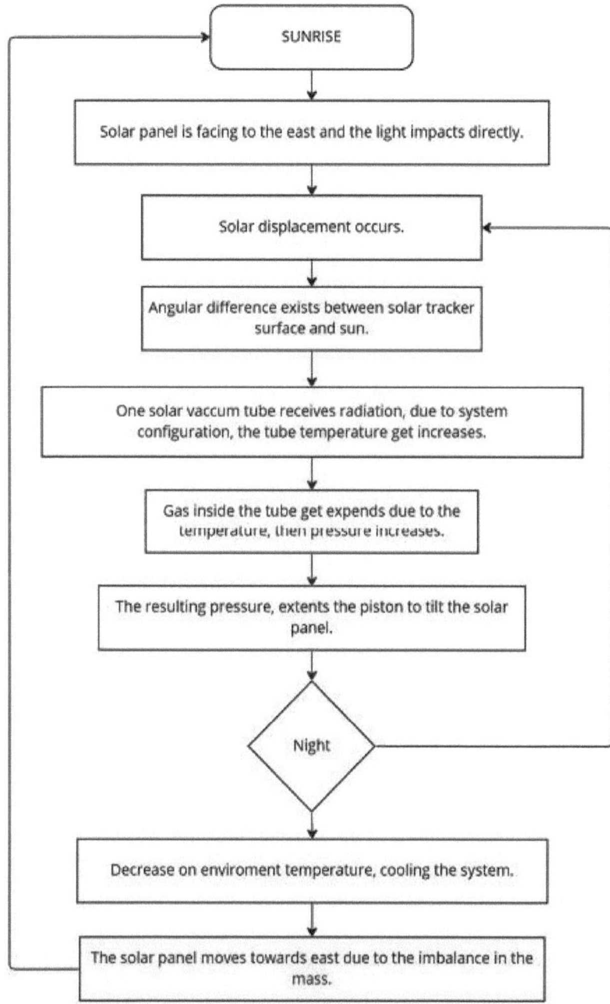

Fig. 3.1 Diagrama de fluxo do seguidor solar

3.3 CONCLUSÃO

Esta é a nossa proposta de funcionamento do nosso seguidor solar passivo e esta é uma forma eficaz de utilizar todo o equipamento que está integrado nesta máquina. O seguidor solar passivo aumentará a eficiência da produção de energia. Ao utilizar esta metodologia, o resultado proposto pode ser alcançado com grande precisão e esta metodologia é também económica e eficaz em termos de custos.

CAPÍTULO 4

CÁLCULO DE CONCEPÇÃO

4.1 INTRODUÇÃO

O primeiro passo para realizar qualquer modelo de trabalho é fazer um desenho ou esboço adequado do mesmo. Isto dá uma ideia clara do projeto e dos métodos a iniciar.

4.2 CÁLCULO DE CONCEPÇÃO

O centro de gravidade do cilindro e do painel solar, o fator de segurança, o momento de flexão e a carga de encurvadura do pilar são calculados para concluir que o projeto é seguro.

4.2.1 Centro de gravidade do cilindro

$$C_g = \frac{m_1 x_1 + m_2 x_2}{m_1 + m_2}$$

$$= \frac{(456*100) + (140*280)}{456+140}$$

$$= \frac{45600 + 39200}{596}$$

$$= \frac{84800}{569}$$

$$= 142.28 \ mm$$

4.2.2 Centro de gravidade do painel solar

$$C_g = \frac{m_1 x_1 + m_2 x_2 + m_3 x_3}{m_1 + m_2 + m_3}$$

$$= \frac{(2.8*27.5) + (6.67*370) + (1.78*70.5)}{2.8 + 6.67 + 1.78}$$

$$= \frac{77 + 2467.9 + 1254.9}{11.25}$$

$$= 337.76 \ mm$$

4.2.3 Fator de segurança

e = excentricidade

e = 33,24 mm

1

e = 160mm

$$\text{Carga} = P_1 = \frac{(2.8 + 6.67 + 1.78) * (9.81)}{11.25 * 9.81}$$

P1 = 110,3 N

Carga = P2 = 0,6*9,81

P2 = 5,866 N

Módulo de secção (PSG pg6.1):

$$Z = \frac{[a^2 - a_1^2]}{6 * a}$$

$$= \frac{[25.4^2 - 23^2]}{6 * 25.4}$$

$$= \frac{136390.4256}{6 * 25.40}$$

$$= 894.95 \ mm^3$$

Área da secção transversal:

$$A = a^2 - a_1^2$$

$$= 25.4^2 - 23^2$$

$$= 116.16 \ mm^2$$

Carga excêntrica: (PSG pg:7.1)

$$\sigma = \frac{p}{A} + \frac{pe}{Z}$$

$$= \frac{110.3 + 5.886}{116.16} + \frac{110.3 * 33.24}{894.95} + \frac{5.886 * 160}{894.95}$$

$$= 1 + 4.096 + 1.052$$

$$= 6.148 \ N/mm^2$$

Força de cedência = 34 N$/mm$2 FOS = força de cedência / tensão de trabalho

= 34 / 6.148

= 5.53

O design é seguro.

4.2.4 Momento de flexão máximo da cavilha de articulação

$$M = \frac{\pi d^3 * (207)}{32}$$

$$d^3 = \frac{2954.53 * 32}{3.14 * 207}$$

d = 5,25 mm

Diâmetro do eixo = 5,24 mm

4.2.5 Carga de encurvadura do pilar

Módulo de Young = 210 $GP^\wedge$

Comprimento = l = 600 mm

Resistência ao escoamento = 207 $M\text{-}P_a$

Área da secção transversal:

$A = (25.4 * 25.4) - (23*23)$

$$= 116.16 \ mm^2$$

$$I = \frac{[a^4 - a_1^{\ 4}]}{12}$$

$$= \frac{136390.4}{12}$$

$$= 11365.8 \ mm^4$$

Momento de inércia = 11365,8 mm

Raio de rotação, K:

$$K = \left(\frac{11365.8}{116.16}\right)^{1/2}$$

$$= 9.89 \ mm$$

Agora, [l/k] = 60,66

Carga crítica:

$$\left(\frac{l}{k}\right)^2 = \left(\frac{4 * 3.14 * 210000}{207}\right) * 2$$

$$= 283.02$$

Por conseguinte, $\left(\frac{l}{k}\right)^2 > \left(\frac{l}{k}\right)$

A coluna é uma coluna curta.

$$P_{cr} = \sigma_{y} * A\left[\left(1 - \frac{\sigma y}{4*n*E*\pi}\left(\frac{l}{k}\right)^{2}\right)\right]$$

$$= 207 * 116.16 \left(1 - \left(\frac{761684.56}{33.16 \, X \, 10^{6}}\right)\right)$$

$$= 24045.12 \, [1-0.023]$$

$$= 23492.08 \, N$$

A carga do sistema = 64,75 N

A carga crítica = 23492,08 N

64.75 N << 23492.08 N

O design é seguro.

4.2.6 Cálculo da expansão do gás

Fluido utilizado : Metanol

$$\text{Pressão} = \left(\frac{Force}{Area}\right)$$

$$= \left(\frac{10}{706.86}\right)$$

$$= 0{,}014 \, N/mm$$

A pressão total necessária = 1,013 + 0,2

= 1,213 bar

Charles Law:

$$\left(\frac{V1}{V2}\right) = \left(\frac{T2}{T2}\right)$$

$$V2 = \frac{300 * 1000}{353.15}$$

$$V2 = 1177 \, ml$$

Variação do volume = 1177 - 1000

= 0.177 l

Volume necessário para estender o pistão para inclinar o painel:

AxL = 706 x 150   2 = 105900 *mm*

0.11 <0.177

Possibilidade de inclinar o painel.

4.3 MODELAÇÃO 3D

4.3.1 VISTA FRONTAL

A Figura 4.1 mostra a vista frontal do modelo CAD do sistema de seguimento solar.

Fig. 4.1 Vista frontal

4.3.2 VISTA SUPERIOR

A Figura 4.2 mostra a vista superior do modelo CAD do sistema de seguimento solar.

Fig. 4.2 Vista superior

4.3.3 VISTA LATERAL

A Figura 4.3 mostra a vista lateral do modelo CAD do sistema de seguimento solar.

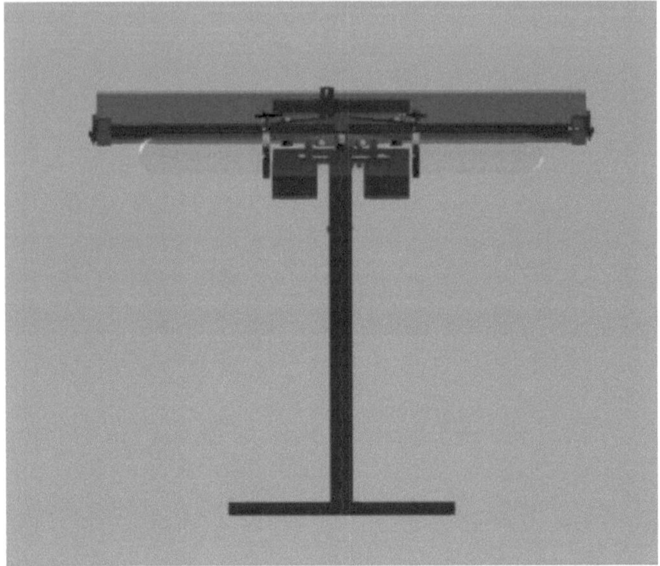

Fig. 4.3 Vista lateral

4.3.4 VISTA ISOMÉTRICA

A Figura 4.4 mostra a vista isométrica do modelo CAD do sistema de seguimento

solar.

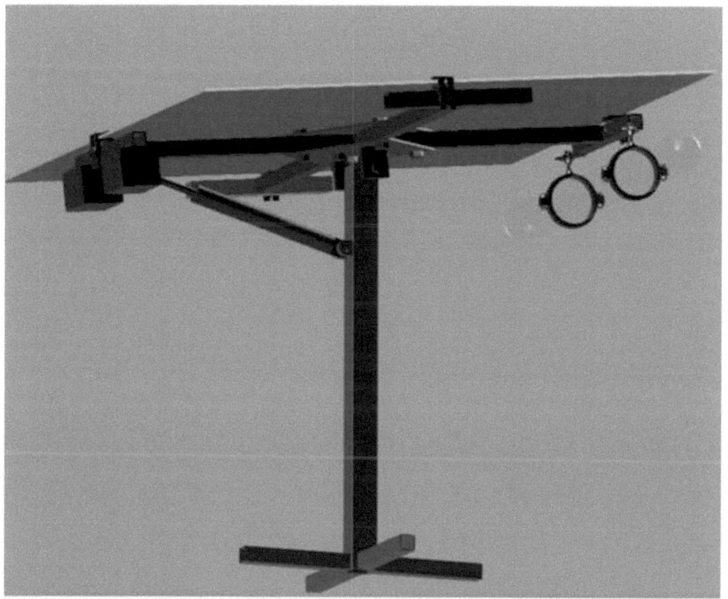

Fig. 4.4 Vista isométrica

4.4 CONCLUSÃO

Assim, o cálculo e a modelação do projeto para o respetivo funcionamento do sistema

de seguidores solares passivos.

DESCRIÇÃO DOS EQUIPAMENTOS

24

5.1 INTRODUÇÃO

Este capítulo apresenta uma breve descrição dos vários componentes utilizados no projeto. Para fabricar um produto, é necessário compreender quais os materiais necessários e como proceder com os materiais adquiridos. Também é necessário compreender e desenvolver um método para que o produto funcione de forma eficiente. É possível fazer uma lista dos materiais necessários e, em seguida, adquirir os materiais que irão prosseguir com o fabrico do produto.

5.2 TUBO DE ASPIRAÇÃO SOLAR

Um tubo solar de vácuo é um tipo de coletor solar térmico utilizado para aproveitar a energia do sol. É constituído por uma fila de tubos de vidro, sendo cada tubo composto por duas camadas de vidro separadas por um vácuo. O vácuo actua como isolamento, reduzindo a perda de calor e permitindo que o tubo mantenha uma temperatura elevada mesmo com tempo frio. No interior do tubo, existe um tubo de cobre ou alumínio revestido com um material absorvente. Este tubo está ligado a um coletor que transporta um fluido de transferência de calor, como água ou glicol, que é aquecido à medida que circula pelos tubos. Quando o sol incide sobre os tubos, a energia da luz solar é absorvida pelo revestimento absorvente do tubo, que aquece o fluido de transferência de calor no interior do tubo. O fluido aquecido circula depois para um permutador de calor ou para um depósito de armazenamento, onde o calor pode ser utilizado para aquecimento ambiente, água quente sanitária ou outras aplicações. Os tubos solares de evacuação são um tipo popular de coletor solar térmico porque são eficientes, duráveis e podem funcionar numa vasta gama de temperaturas. São normalmente utilizados em edifícios residenciais e comerciais, bem como em aplicações industriais, como o aquecimento de processos e a produção de energia. O princípio de um tubo evacuado baseia-se no conceito de transferência de calor por radiação e convecção. O tubo é constituído por duas camadas de vidro com um vácuo entre elas, que actua como isolante para reduzir a perda de calor. A superfície interna do tubo de vidro é revestida com um material absorvente que absorve a radiação solar e a converte em calor. O calor é então transferido para um fluido que circula no interior de um tubo metálico localizado no centro do tubo. À medida que o fluido no interior do tubo absorve o calor, expande-se e sobe até ao topo do tubo, onde é recolhido num coletor. A partir do coletor, o fluido aquecido é então encaminhado para um tanque de armazenamento ou para um permutador de calor, onde pode ser utilizado para vários fins, como água quente sanitária, aquecimento ambiente ou calor de processos industriais. O tubo de vácuo funciona segundo o princípio do efeito de estufa. A luz solar passa através da camada exterior do tubo de vidro e é absorvida pelo revestimento absorvente na superfície interior, onde é convertida em calor. O vácuo entre as duas camadas de vidro reduz a perda de calor por condução e convecção, o que permite que o tubo mantenha uma temperatura elevada mesmo em condições climatéricas frias. Em geral, o princípio de um tubo de vácuo consiste em aproveitar de forma eficiente e eficaz a energia do sol, utilizando os princípios da transferência de calor e do isolamento para recolher e transferir o calor para uma forma utilizável.

A figura 5.1 mostra a imagem do tubo de vácuo solar.

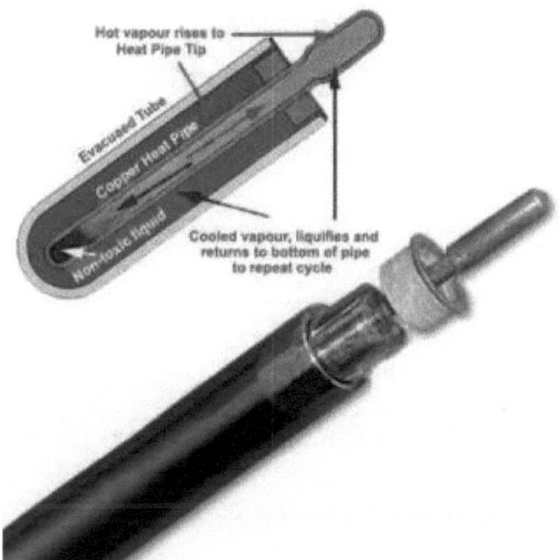

Fig. 5.1 Tubo solar evacuado

5.3 CILINDRO PNEUMÁTICO

Um cilindro pneumático, também conhecido como cilindro de ar, é um dispositivo mecânico que utiliza ar comprimido para gerar movimento linear. É constituído por um tubo cilíndrico, um pistão e uma haste, e é normalmente utilizado em muitas aplicações industriais e de fabrico para mover cargas ou aplicar força. Quando o ar comprimido é fornecido a uma extremidade do cilindro, entra na câmara do cilindro e empurra o pistão e a haste na direção oposta. À medida que o pistão e a haste se movem, aplicam força à carga ou ao objeto a que estão ligados, produzindo movimento linear. Os cilindros pneumáticos podem ser de ação simples ou de ação dupla. Os cilindros de simples efeito utilizam ar comprimido para mover o pistão numa direção, enquanto uma mola ou outra força externa é utilizada para fazer regressar o pistão à sua posição original. Os cilindros de duplo efeito utilizam ar comprimido para mover o pistão em ambas as direcções, permitindo um movimento bidirecional. Os cilindros pneumáticos são frequentemente utilizados no fabrico e em

27

ambientes industriais para tarefas como levantar, fixar, empurrar, puxar e segurar. São também utilizados em aplicações de automação e robótica para controlar o movimento de componentes de máquinas ou ferramentas. Em geral, os cilindros pneumáticos são uma forma simples e fiável de converter ar comprimido em movimento linear, o que os torna uma escolha popular para uma vasta gama de aplicações industriais e de fabrico. O princípio de funcionamento de um cilindro pneumático baseia-se na utilização de ar comprimido para gerar movimento linear. Um cilindro pneumático típico é constituído por uma câmara cilíndrica ou cilindro, um pistão e uma haste que se estende de uma extremidade do pistão. Quando é fornecido ar comprimido a uma extremidade do cilindro, este entra na câmara e empurra o pistão e a haste na direção oposta. A força gerada pelo ar comprimido move a carga ou o objeto ligado à haste, produzindo um movimento linear. O movimento do pistão é controlado por uma válvula que regula o fluxo de ar comprimido para dentro e para fora do cilindro. A válvula pode ser operada manualmente ou automatizada através da utilização de sensores, interruptores e outros dispositivos de controlo. A direção do movimento do pistão pode ser controlada alterando a direção do fluxo de ar comprimido. Por exemplo, se o ar comprimido for fornecido a uma extremidade do cilindro, o pistão mover-se-á numa direção. Se o fluxo de ar comprimido for invertido, o pistão move-se na direção oposta. Os cilindros pneumáticos podem ser de ação simples ou de ação dupla. Os cilindros de simples efeito utilizam ar comprimido para mover o pistão numa direção, enquanto uma mola ou outra força externa é utilizada para fazer regressar o pistão à sua posição original. Os cilindros de dupla ação utilizam ar comprimido para mover o pistão em ambas as direcções, permitindo um movimento bidirecional. Em geral, o princípio de um cilindro pneumático consiste em converter a energia do ar comprimido em movimento linear através da utilização de um pistão e de

uma haste. São amplamente utilizados em muitos sectores industriais e

aplicações de fabrico para tarefas como elevação, fixação, empurrar e puxar, e são

favorecidas pelo seu design simples, fiabilidade e facilidade de utilização.

A figura 5.2 mostra a imagem do cilindro pneumático.

Fig. 5.2 Cilindro pneumático

5.4 TUBO PNEUMÁTICO

Um sistema de tubos pneumáticos é uma rede de tubos que utiliza ar comprimido para

transportar objectos físicos, tais como documentos, embalagens ou pequenos artigos,

de um local para outro. O sistema consiste numa série de tubos, normalmente feitos de

metal ou plástico, e num ventilador ou bomba de vácuo que cria pressão de ar ou

sucção para mover os objectos através dos tubos. Os tubos pneumáticos são

frequentemente feitos de nylon extrudido, poliuretano, cloreto de polivinilo (PVC) ou

materiais especiais como o politetrafluoroetileno (PTFE).

A figura 5.3 mostra a imagem do tubo pneumático.

Fig. 5.3 Tubo pneumático

5.5 METANOL

O metanol é um álcool líquido incolor, inflamável e volátil com a fórmula química CH3OH. É também conhecido como álcool de madeira ou álcool metílico. O metanol é utilizado numa variedade de aplicações, incluindo como solvente, combustível e matéria-prima para a produção de formaldeído, ácido acético e outros produtos químicos. O metanol é

O metanol pode ser produzido a partir de gás natural, carvão ou biomassa através de um processo denominado gaseificação, que converte a matéria-prima numa mistura de monóxido de carbono e hidrogénio gasoso. O gás é então convertido em metanol através de um processo catalítico chamado síntese de metanol.

1. Fórmula química: $CH_3\,OH$

2. Peso molecular: 32,04 g/mol

3. Aspeto: Líquido límpido e incolor

4. Odor: Ligeiramente doce, odor pungente

5. Ponto de ebulição: 64,7 °C (148,5 °F)

6. Ponto de fusão: -97,6 °C (-143,7 °F)

7. Densidade: 0,7918 g/cm^3 a 20 °C

5.6 ESP8266

O ESP8266 é um microcontrolador de baixo custo, com Wi-Fi e transcetor Wi-Fi integrado, concebido para aplicações da Internet das Coisas. Foi desenvolvido pelo fabricante chinês Espressif Systems e lançado em 2014. O microcontrolador ESP8266 é baseado no processador Xtensa LX106 e tem uma velocidade de relógio de 80 MHz. É fornecido com 64 KB de RAM de instruções, 96 KB de RAM de dados e 4 MB de memória flash. O módulo ESP8266 fornece uma solução de rede Wi-Fi completa e autónoma, permitindo aos utilizadores ligar facilmente os seus projectos de microcontroladores à Internet. Suporta protocolos Wi-Fi 802.11 b/g/n padrão e pode ser programado utilizando o Arduino IDE ou outros ambientes de desenvolvimento. O ESP8266 tornou-se muito popular entre os programadores devido ao seu baixo custo, facilidade de utilização e vasta gama de funcionalidades. Pode ser utilizado para uma variedade de aplicações, como dispositivos domésticos inteligentes, sistemas de controlo remoto e redes de sensores.A Figura 5.4 mostra a imagem do módulo ESP8266.

Fig. 5.4 ESP8266

5.7 SENSOR DE CORRENTE (INA219)

O INA219 é um sensor de corrente de lado alto com interface I2C, desenvolvido pela Texas Instruments. Foi concebido para monitorizar a tensão e a corrente DC e é normalmente utilizado em aplicações como a monitorização de fontes de alimentação, carregadores de bateria e sistemas de energia solar. O INA219 possui um resistor de derivação de precisão, que permite a medição exacta da corrente com uma resolução de até 1 mA. Também possui um amplificador de ganho programável, que permite a medição de corrente até ±3,2 A com uma precisão típica de ±0,5%. Para além da medição de corrente, o INA219 também fornece uma medição precisa de tensão com uma resolução de até 4 mV. Possui uma ampla faixa de tensão de entrada de 0 a 26 V, tornando-o adequado para uso em uma variedade de aplicações. O INA219 é controlado através de uma interface I2C e pode ser configurado com uma variedade de definições, tais como gamas de medição de corrente e tensão, tempos de conversão e limiares de alerta. Tem também um ADC de 12 bits incorporado para medições de alta resolução.

A figura 5.5 mostra a imagem do sensor de corrente.

Fig. 5.5 Sensor de corrente

5.8 SENSOR DE TENSÃO

Um sensor de tensão é um dispositivo eletrónico que é utilizado para medir e monitorizar o nível de tensão de um circuito ou sistema elétrico. Os sensores de tensão são normalmente utilizados em sistemas de energia, aplicações automóveis e dispositivos electrónicos para garantir que a tensão se mantém dentro do intervalo desejado e para fornecer proteção contra condições de sobretensão ou subtensão. Existem diferentes tipos de sensores de tensão disponíveis, incluindo sensores de tensão analógicos e digitais. Os sensores de tensão analógicos fornecem uma tensão de saída proporcional à tensão de entrada, enquanto os sensores de tensão digitais fornecem uma saída digital que pode ser lida por um microcontrolador ou outro dispositivo digital. Os sensores de tensão também podem ser classificados com base na gama de tensões que podem medir. Alguns sensores são concebidos para medir tensões baixas, enquanto outros podem medir tensões elevadas até vários milhares de volts.

A figura 5.6 mostra a imagem do sensor de tensão.

5.9 PAINEL SOLAR

Um painel solar, também conhecido como painel fotovoltaico (PV), é um dispositivo que converte a luz solar em energia eléctrica. É constituído por várias células solares ligadas entre si e cobertas por uma camada protetora de vidro ou plástico. Quando a luz solar atinge as células solares, cria um fluxo de electrões, que gera uma corrente eléctrica. Os painéis solares são normalmente utilizados em aplicações residenciais, comerciais e industriais para fornecer uma fonte de energia renovável. São frequentemente montados em telhados ou em áreas abertas onde podem receber a máxima exposição à luz solar. A eficiência de um painel solar depende de vários factores, incluindo a qualidade das células solares, a quantidade de luz solar recebida e a temperatura do painel. Em geral, os painéis solares de alta qualidade podem converter até 20% da luz solar que recebem em energia eléctrica.

A Figura 5.7 mostra a imagem do painel solar.

5.10 ECRÃ OLEDDISPLAY

OLED significa Organic Light Emitting Diode (Díodo Emissor de Luz Orgânico). É um tipo de tecnologia de visualização utilizado em dispositivos electrónicos. Os ecrãs OLED são constituídos por materiais orgânicos que emitem luz quando é aplicada uma corrente eléctrica. Não necessitam de luz de fundo, ao contrário dos ecrãs LCD tradicionais, o que significa que os ecrãs OLED podem ser mais finos, mais leves e mais eficientes em termos energéticos. Os ecrãs OLED têm várias vantagens em relação aos ecrãs LCD, incluindo Melhor contraste: Os ecrãs OLED têm um rácio de contraste mais elevado do que os ecrãs LCD, o que significa que podem apresentar pretos mais profundos e cores mais vivas. Tempo de resposta mais rápido: Os ecrãs OLED têm um tempo de resposta mais rápido do que os ecrãs LCD, o que significa que podem apresentar imagens em movimento rápido de forma mais suave. Ângulos de visualização mais amplos: Os ecrãs OLED têm ângulos de visualização mais amplos do que os ecrãs LCD, o que significa que a imagem permanece nítida e consistente mesmo quando vista de diferentes ângulos. Eficiência energética: Os ecrãs OLED consomem menos energia do que os ecrãs LCD, especialmente quando apresentam imagens com muito preto, uma vez que os pixéis nos ecrãs OLED não necessitam de luz de fundo. Os ecrãs OLED estão a tornar-se cada vez mais populares na eletrónica de consumo, uma vez que oferecem uma qualidade de imagem superior e eficiência energética em comparação com os ecrãs LCD tradicionais.

A figura 5.8 mostra a imagem do ecrã OLED.

Fig. 5.8 Ecrã OLED

5.11 CONCLUSÃO

Neste capítulo, é abordado o hardware utilizado no projeto. São mencionados o

princípio de funcionamento de cada hardware e a descrição dos pinos. São descritos os

seus esquemas e os diagramas de configuração

CAPÍTULO 6

ESTIMATIVA DE CUSTOS

38

6.1 INTRODUÇÃO

A estimativa e o cálculo de custos servem vários objectivos no processo de construção, incluindo a preparação e a finalização de propostas e o controlo de custos. O principal objetivo é fornecer um volume de trabalho para controlo de custos e garantir que são exploradas opções adequadas de materiais durante a execução do projeto.

6.2 ESTIMATIVA DE CUSTOS

Quadro 6.1 Estimativa do custo dos componentes

S. Não	Componentes necessários	Quantidade	Custo
	COMPONENTES MECÂNICOS		
1	Tubo solar evacuado	1	500
2	Cilindro pneumático	1	1000
3	Tubo pneumático	1	200
4	Fluido - Metanol	1L	200
6	Custo de maquinagem e material	-	800
	COMPONENTES ELÉCTRICOS		
7	ESP8266	1	650
8	Sensor de corrente	1	450
9	Sensor de tensão	1	350
10	Painel solar	1	750
11	Ecrã OLED	1	250
12	Fio	1m	50
TOTAL			5200

6.3 CONCLUSÃO

Os componentes foram seleccionados após a investigação. As estimativas definitivas requerem, normalmente, técnicas como a estimativa análoga, ascendente e paramétrica, que só podem estar disponíveis em fases posteriores de um projeto. As estimativas paramétricas e ascendentes são normalmente as técnicas que fornecem as projecções de custos mais precisas. São normalmente utilizadas se o orçamento tiver de ser revisto e substituído por uma nova estimativa aquando da conclusão. Os componentes foram adicionados com o custo como parâmetro para otimizar o desenvolvimento do sistema. O custo dos componentes é mencionado neste capítulo. Quando um orçamento é determinado e aprovado, a análise do valor ganho e a análise das variações ajudam a controlar o custo e o valor gerado num projeto.

CAPÍTULO 7

CONCLUSÃO

41

7.1 INTRODUÇÃO

A conceção e o fabrico do sistema de seguidores solares passivos foram efectuados com êxito, de acordo com as nossas especificações de conceção.

7.2 MODELO DE PROJECTO

A Figura 7.1 mostra a imagem do modelo de projeto do sistema de seguimento solar passivo.

Fig.7.1 Modelo de projeto do sistema de seguimento solar passivo.

7.3 ÂMBITO FUTURO

Os painéis solares podem seguir o sol sem utilizar motores ou sensores. Fácil instalação e baixo custo de manutenção. Aumenta aproximadamente a eficiência da produção de energia até 23-40%. Fonte de energia gratuita. Fornece energia limpa e ecológica. Não há emissões nocivas de gases com efeito de estufa durante a produção de eletricidade. Não causa impactos ambientais, é amiga do ambiente.

REFERÊNCIAS

[1] Clifford M.J e Eastwood D, Design a novel passive solar tracker, Solar Energy vol.77 pp 269-280,2014.

[2] J. A. Duffie e D. D. Beckman, Conceção e otimização de um seguidor solar passivo para painéis fotovoltaicos, Vol. 26, N.º 5, pp. 429-437, 2015.

[3] E. Serra-Garcia et al, A passive solar tracker for PV panels based on shape memory alloy actuators, Vol. 86, pp. 1026-1034, 2016.

[4] M. H. Kamel et al., Development of a passive solar tracker for photovoltaic modules, Vol. 69, pp. 1-11, 2015.

[5] A. L. Khatib et al., Experimental study of a low-cost passive solar tracker for photovoltaic panels, Vol. 105, pp. 978-986, 2015.

[6] M. A. Elhadidy et al., Design and performance evaluation of a low-cost passive solar tracker for photovoltaic panels, Vol. 118, pp. 325-334, 2015.

Anexo

```cpp
#include <Wire.h>

#include <Adafruit_INA219.h>

#include <ESP8266WiFi.h>

#include <WiFiClient.h>

#include <ThingSpeak.h>

// Definições WiFi

const char* ssid = "ssid";

const char* password = "password";

// Definições ThingSpeak

const char* server = "api.thingspeak.com";

const char* apiKey = "AWIBTJCOTTR27B0R";

unsigned long channelID = 2117508;

// Definições INA219

Adafruit_INA219 ina219;

// Criar um objeto cliente WiFi

Cliente WiFiClient;

void setup() {

// Ligar à rede WiFi Serial.begin(115200);

atraso(10);

SeriaLprintlnQ;

SeriaLprint("Ligação a ");

SeriaLprintln(ssid);

WiFi.begin(ssid, password);
```

```cpp
enquanto (WiFistatusO != WL_CONNECTED) {

atraso(500);

SeriaLprint(".");

}

SeriaLprintln("");

SeriaLprintlnCWiFi connected");

// Inicializar o cliente ThingSpeak ThingSpeak.begin(client);

// Inicializar o sensor INA219

se (!ina219.begin()) {

SeriaLprintln("Falha ao encontrar o sensor INA219");

enquanto (1) {

atraso(10);

}

}

}

void loop() {

// Ler a tensão, a corrente e a potência do sensor INA219 float shuntVoltage =

ina219.getShuntVoltage_mV();

float busVoltage = ina219.getBusVoltage_V();

float current = ina219.getCurrent_mA();

float power = ina219.getPower_mW();

Serial.print("Tensão de derivação: ");

Serial.print(shuntVoltage);

Serial.print(" mV, Tensão do barramento: ");
```

```
Série. print(busVoltage);

Serial.print(" V, Corrente: ");

Série. print(atual) ;

Serial.print(" mA, Potência: ");

Serial.print(potência);

Serial.println(" mW");

// Enviar valores para o ThingSpeak

ThingSpeak. setField( 1, shuntVoltage);

ThingSpeak.setField(2, busVoltage);

ThingSpeak.setField(3, current);

ThingSpeak.setField(4, power);

int status = ThingSpeak.writeFields(channelID, apiKey);

se (estado == 200) {

Serial.println("Valores enviados para o ThingSpeak");

} else {

Serial.println("Erro ao enviar valores para o ThingSpeak");

}

atraso(15000);

}
```

yes
I want morebooks!

Buy your books fast and straightforward online - at one of world's fastest growing online book stores! Environmentally sound due to Print-on-Demand technologies.

Buy your books online at
www.morebooks.shop

Compre os seus livros mais rápido e diretamente na internet, em uma das livrarias on-line com o maior crescimento no mundo! Produção que protege o meio ambiente através das tecnologias de impressão sob demanda.

Compre os seus livros on-line em
www.morebooks.shop

info@omniscriptum.com
www.omniscriptum.com

Printed by Books on Demand GmbH, Norderstedt / Germany